hu shang baiyulan

沪上白玉兰

——小明观察日记

张冬梅◎主编

中国林業出版社

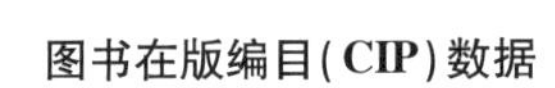

沪上白玉兰：小明观察日记 / 张冬梅主编. -- 北京：中国林业出版社，2021.12

ISBN 978-7-5219-1421-4

Ⅰ. ①沪… Ⅱ. ①张… Ⅲ. ①玉兰—文化研究—上海 Ⅳ. ①S685.15

中国版本图书馆CIP数据核字(2021)第243714号

中国林业出版社·建筑家居分社

责任编辑：樊 菲

出版 中国林业出版社（100009 北京市西城区德胜门内大街刘海胡同7号）
网址 http://www.forestry.gov.cn/lycb.html
电话 （010）8314 3610
发行 中国林业出版社
印刷 北京雅昌艺术印刷有限公司
版次 2021年12月第1版
印次 2021年12月第1次
开本 1/16 889mm × 1194mm
印张 7
字数 100千字
定价 48.00元

本书编委会

主　编：张冬梅

编　委：张　浪　尹丽娟　吕秀立　罗玉兰　陈香波

有祥亮　傅仁杰　周文宏　申亚梅　张　琪

策　划：曹福亮　周吉林　朱心军　张　浪

绘　图：肖湘澐

序言

在这里，读懂玉兰

在这里，读懂玉兰。
从玉兰文化到花果形态，
从应用价值到繁殖培育，
诗词书画的韵律中暗藏着故事，
古树名木的倒影里流淌着传说，
在这里，领略坚贞不屈的玉兰精神。

毛茸茸的花骨朵，吉祥的花瓣数；
形似芭蕉的叶片，颜色鲜艳的果实；
生活里药食兼用，绿化中大显身手；
原创漫画形象传神，文章写作生动有趣；
在这里，了解翔实厚重的玉兰知识。

回首是源远流长的玉兰进化史，
前望是永不停息的玉兰科研探索，
更多的新品正在涌现，
更美的风景正在路上，
在这里，读懂日新月异的上海科技。

中国工程院院士 曹福亮

前 言

寒凝大地发春华

白玉兰，属国家二级古树名木，俗称“望春花”，木兰科落叶乔木，世界著名园林树种。自春秋战国时代，中国就有了培育玉兰花的记载，栽培历史长达2500多年。玉兰最先是种植在寺院里的，纯净素雅的玉兰花与清静寂灭的佛教浑然一体。自唐代开始，玉兰、海棠、迎春、牡丹合种，寓意“玉堂春富贵”，形成了中国皇家园林特有的华丽景观。

作为乔木树种，白玉兰高大雄伟，潇洒飘逸，刚正不阿，鲁迅曾用“寒凝大地发春华”来称赞白玉兰的刚毅品格；作为花，白玉兰润泽甜美，暗香浮动，可赏可食，一旦盛开，就会以最灿烂的姿态在枝头怒放，外表如玉一般温润，内在却似剑一般锋利，别有一番大气之美。白玉兰以自己独有的姿态，不争不显不露，却又满园春色关不住，走过了几千年的时光，为中国园林留下一笔浓淡相宜的精神文化。全国各地都有树龄比较长的白玉兰，或生于山野，或植于公园绿地，或装点于庭院，留下诸多神奇的传说和美丽的童话，惊艳了时光。

白玉兰是上海的市花，报春使者，传递着春天即将到来的讯息以及那股向上的自信，这与上海这座城市的精神不谋而合。因此，白玉兰被纳入上海绿化“四化”树种的重要“彩化”树种名录，在以上海为代表的特大型城市困难立地园林绿化中发挥着重要作用。

本书凝聚了多位编者的辛勤付出，每一篇文章、每一幅漫画、每一个知识点都经过了反复推敲和打磨。希望各位读者能被本书吸引，读完后能领略到上海市花白玉兰的文化底蕴，喜欢白玉兰，进而热爱上海这座海纳百川的城市！

住建部科技委园林绿化委副主任委员

上海市园林科学规划研究院院长

上海领军人才、博士生导师

小美的姑姑

上海市园林科学规划研究院教授，从事白玉兰新品种选育工作。

小明的爷爷

上海知名画家，擅长花卉绘画，尤其钟爱市花白玉兰。

小美

小明的同桌。

小明

上海小学5年级学生。

目录

秋天篇

冬天篇

春天篇

高票胜出勇夺“花魁”

2020年3月7日　星期六　晴

今天和爷爷去开心农场参加书画展，看到两排树，开着雪白的花儿。爷爷说：“这是上海市市花白玉兰。1983年，上海市政府在10个公园设立投票箱征集市花，共收集到10万张选票，白玉兰高票当选。1986年，经上海市人大常委会通过，白玉兰当选市花。”

爷爷拿出一本画册，里面全是白玉兰！原来爷爷早就开始画白玉兰了。爷爷指着那一朵朵洁白无瑕、昂扬向上的白玉兰告诉我：“花朵向上”代表着奋发向上的进取精神，“颜色皎洁”是清正廉明的象征，白玉兰成为上海市市花当之无愧。爷爷还说，上海市的很多奖项、酒店、购物中心喜欢用白玉兰命名，白玉兰早在1912年就被选为复旦大学的校花。

白玉兰在中国已有2500年的栽培史，花中蕴藏着深厚的文化底蕴。喜欢玉兰的历史名人有很多，如战国时期楚国的屈原，明朝的文徵明，清朝的康熙皇帝，近现代的林徽因、徐悲鸿、郭沫若、巴金和鲁迅。

屈原

文徵明

林徽因

·想一想·

1. 上海市花的来历。
2. 白玉兰文化。

历史上，还流传下来很多关于玉兰的诗画。屈原在《离骚》中写道：“汩余若将不及兮，恐年岁之不吾与。朝搴阰之木兰兮，夕揽洲之宿莽。”这里面描述的就是坚贞不屈的白玉兰。

精“雕”细“琢”玉兰花

2020年3月16日　星期一　晴

今天的自然课老师教我们识别玉兰花结构，我和小美一组，去校园里采玉兰花。玉兰的花有的生于枝条顶端，叫“顶生”，就像长在枝条的头顶上；个别的生于枝条中段，叫“腋生”，就像长在枝条的腋窝里。我们先把花瓣一片片摘下，观察白玉兰花的内部结构。白玉兰花的雌蕊和雄蕊长在同一朵花里，为两性花。花

朵底部的“莲花宝座”是花托，雌蕊和雄蕊都是螺旋状生长在花托上的。白玉兰的雌蕊像是从“莲花宝座”上伸出的一根“狼牙棒”，“狼牙棒”上的小刺头则是柱头，围着“狼牙棒”，从“莲花宝座”底部伸出许多条状的雄蕊，小美将雄蕊一条一条剥离下来，数了数，竟然有60多条。

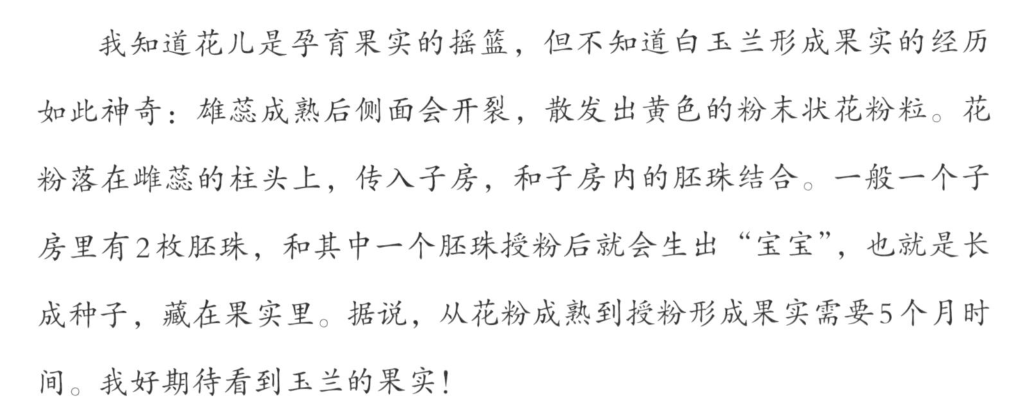

我知道花儿是孕育果实的摇篮，但不知道白玉兰形成果实的经历如此神奇：雄蕊成熟后侧面会开裂，散发出黄色的粉末状花粉粒。花粉落在雌蕊的柱头上，传入子房，和子房内的胚珠结合。一般一个子房里有2枚胚珠，和其中一个胚珠授粉后就会生出“宝宝”，也就是长成种子，藏在果实里。据说，从花粉成熟到授粉形成果实需要5个月时间。我好期待看到玉兰的果实！

小美把摘下来的白玉兰花瓣夹进书本，准备做成书签。这么好的创意，我咋就没有想到呢！

·想一想·

玉兰花的结构特征是怎样的?

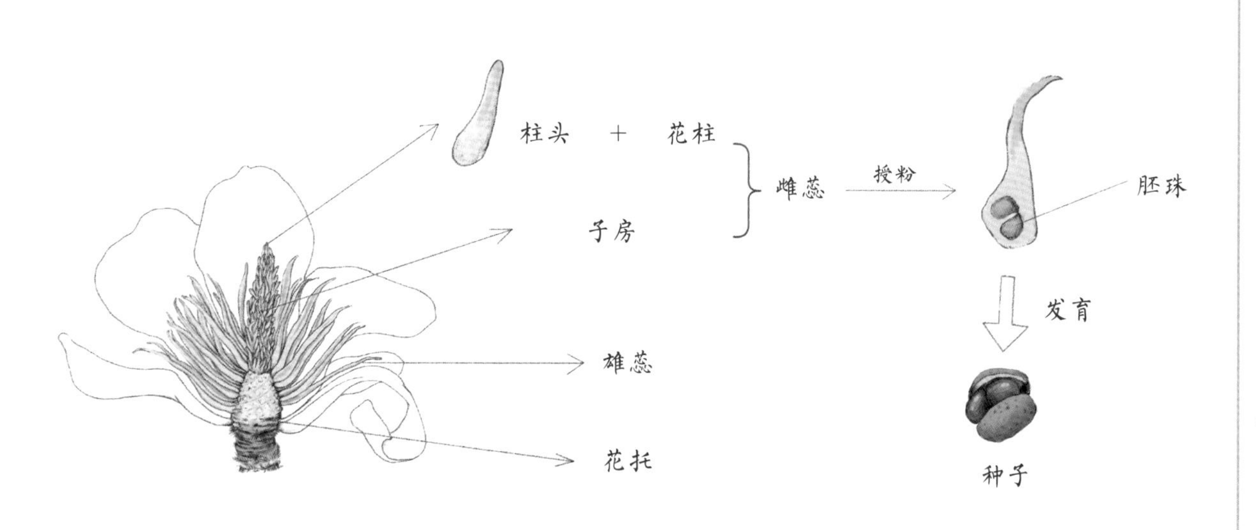

吉祥花瓣3、6、9

2020年3月27日　星期五　晴

今天在上学路上，看到几位爷爷奶奶围着路边那棵开满了淡黄色花儿的树讨论着，我也凑了过去。咦，和白玉兰的花一模一样呀！为什么是黄色的呢？放学后我带小美去看，小美也不知道为何。于是，我们打电话向小美姑姑讨教。姑姑问：“你数一数花瓣是不是9瓣？”的确是。她说我们看到的应该是‘飞黄’玉兰，是从白玉兰的一个变种中选育的一个品种，比白玉兰开花晚10～15天，因花色是黄色的，被老百姓俗称为“黄玉兰”。

城市里种植的玉兰，除了白玉兰，还有望春玉兰、二乔玉兰、紫玉兰。要想区别这些玉兰，可以观察花色和树形：白玉兰、望春玉兰、二乔玉兰长得比较高大，属于大乔木；而紫玉兰相对较矮，

纯白色

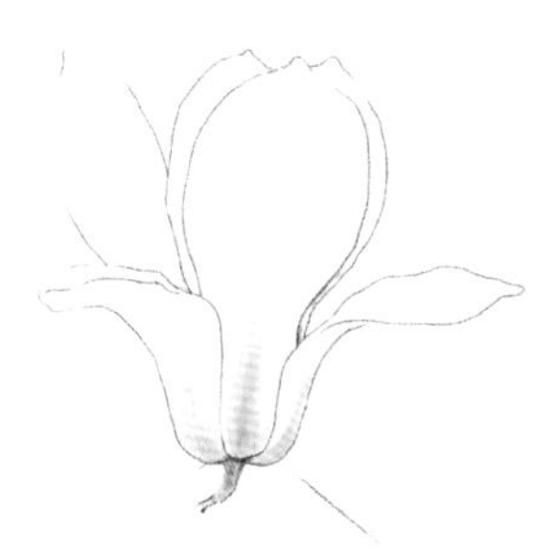

基部有红色条纹

属于灌木或小乔木；望春玉兰开粉白色花，和白玉兰很相像，二乔玉兰的花色和紫玉兰有些相像，均是内白外紫的花瓣。要想仔细区分花色相近的玉兰，还要看花瓣数和其他性状。

白玉兰

二乔玉兰

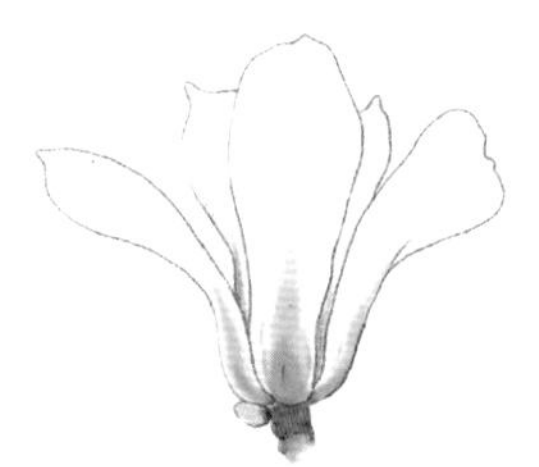

望春玉兰

紫玉兰

‘飞黄’玉兰

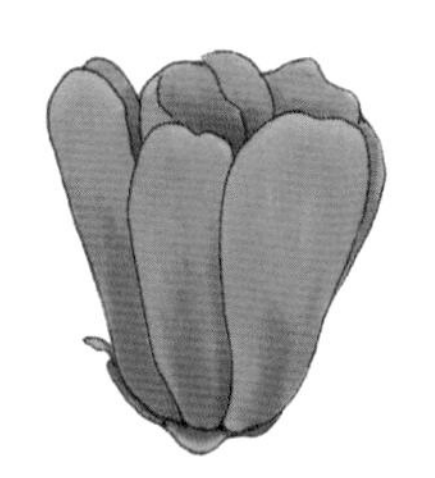

红花玉兰

·想一想·

1. 白玉兰花色都是白色的吗?

2. 玉兰的花瓣数是多少?

小美姑姑告诉我们：一朵玉兰花大多数有9枚花瓣，分3轮排列，每轮3片。望春玉兰和紫玉兰本来有9枚花瓣，但最外轮3枚花瓣退化变小，只能看到6枚花瓣，不同的是紫玉兰外轮3枚花瓣较早掉落；二乔玉兰也是9枚花瓣，但外轮较中内轮花瓣短1/3。看样子，要区分这几种常见玉兰，记住3、6、9的花瓣数量、树形和小萼片数就可以了。玉兰花的花瓣数都是3的倍数。爷爷说，民间将“三”“六”“九”视为吉祥数字，寓意多、顺、尊贵。

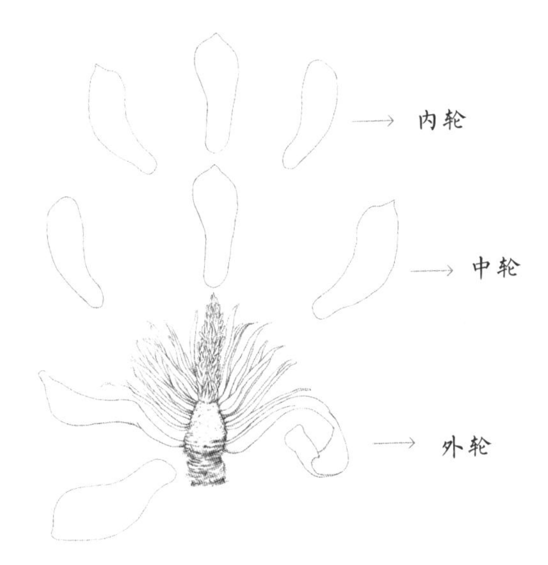

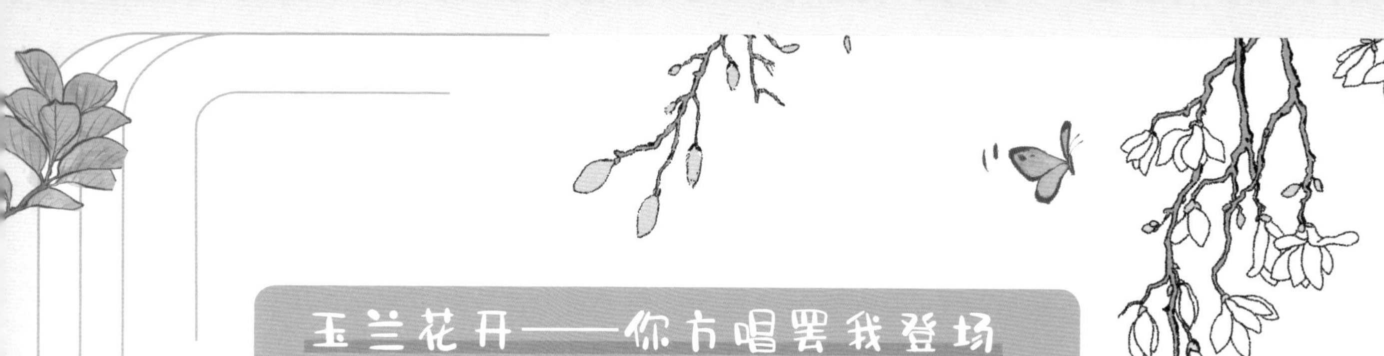

玉兰花开——你方唱罢我登场

2020年4月11日　星期六　晴

今天学校春游，一到植物园，我和小美就直奔木兰园。白玉兰树上已长满嫩绿嫩绿的叶片，只有紫玉兰还开着花儿。我有点儿纳闷，玉兰难道不是在同一时间开花吗？

根据标牌介绍，我们才知道：这几种玉兰都是先开花后长叶的，不同种类玉兰的花期是不同的。望春玉兰在2月下旬至3月上旬开放，是开放最早的一种玉兰，故取名“望春”。望春玉兰开花约一周后，白玉兰才开放。

二乔玉兰在3月中下旬开放，紫玉兰在4月盛开，它们的开花日期还会根据不同年份的温度变化提前或者推迟。白玉兰和望春玉兰一年只开一次花，但二乔玉兰和紫玉兰一年内能多次开花，第二次开花在6月至8月，花、叶同时生长。

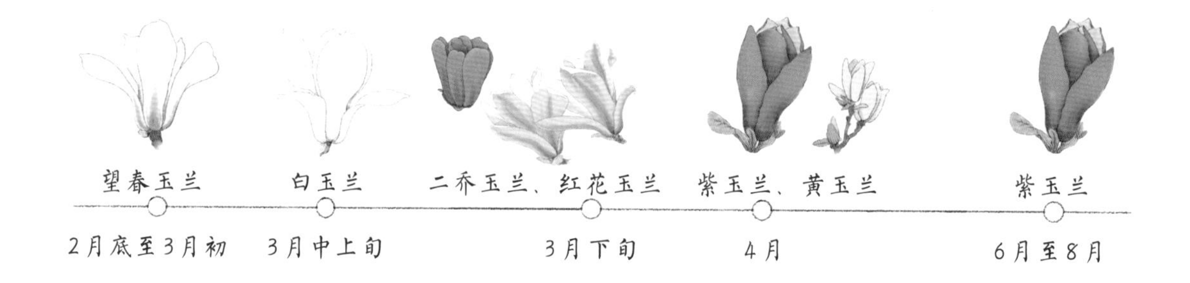

一朵玉兰花能开3～5天，一株树上的花儿次第开放，花期可持续7～10天。如果把不同的玉兰树种在一个园子内，各种玉兰陆续开放，真有点儿像唱戏的演员——你方唱罢我登场。

·想一想·

1. 玉兰的花期在什么时候？
2. 一朵玉兰花能开放多久？

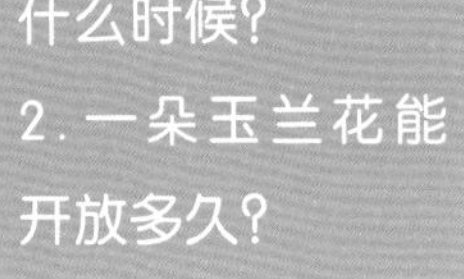

“花”“花”成对育宝宝

2020年4月18日　星期六　多云

今天我和小美去她姑姑的玉兰种植试验地，看到她正在用毛笔给玉兰一根根光秃秃的“狼牙棒”涂东西，涂完还用纸袋子套起来。经过解释才知道，原来姑姑在给玉兰授粉，毛笔上沾着的是玉兰的花粉！这就是所谓的“联姻”——“杂交”育种。把一种玉兰的花粉涂到另一种玉兰花的柱头（“狼牙棒”）上，让两种不同的花配成一对儿，就能生出“混血宝宝”。

姑姑说培育玉兰新品种有很多方法：第一种是**选择育种**，是从大自然中直接选育出玉兰花、叶、枝、果有奇特自然变异的个体，通过无性繁殖把这些性状保留下来，成为新品种。

白玉兰

第二种是**杂交育种**，让不同品种的玉兰相互联姻，培育出“混血宝宝”，亲缘关系越远，生出的“混血宝宝”可能越漂亮。

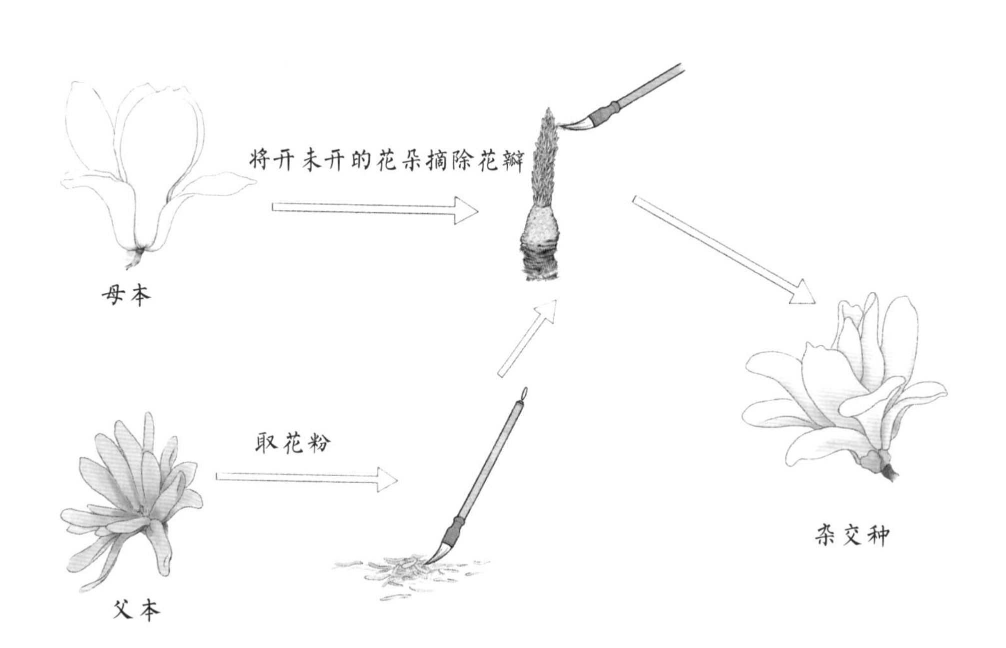

第三种是**诱变育种**，就是利用物理、化学方法处理白玉兰的种子或枝条，诱发基因突变，培育出新品种。听说科学家让玉兰种子搭载神舟飞船，接受高空电磁辐射后，种子产生变异，培育出新品种。

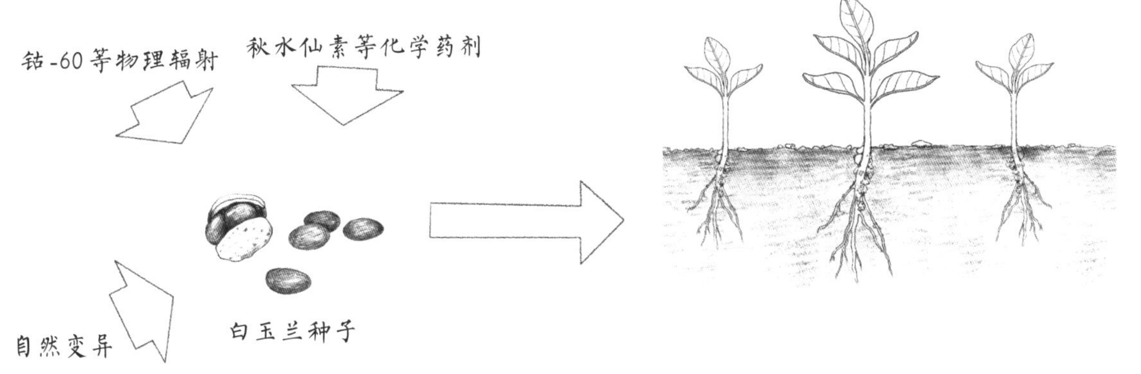

还有更神奇的——**分子育种**，科学家能对白玉兰的基因进行重新编辑，也就是用所谓的“基因剪刀”把不要的基因剪去，把需要的基因“粘”在一起，培育出具有特殊DNA的白玉兰新品种。

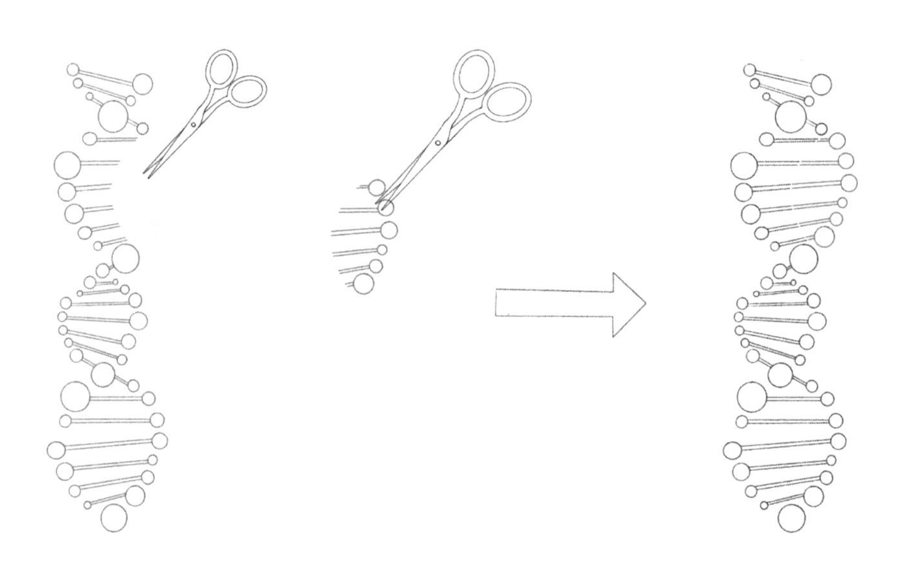

·想一想·

1. 如何获得更多的玉兰新品种?
2. 常见的白玉兰品种有哪些?

现在常见的白玉兰品种有‘大花白玉兰’‘重瓣白玉兰’‘玉灯’‘飞黄’等。二乔玉兰是白玉兰和紫玉兰的杂交种，是有记载的带有白玉兰基因的第一个杂交种。听小美姑姑说，上海市园林科学规划研究院通过实生选育的方法，陆续培育出了有自主知识产权的白玉兰新品种，如‘千纸飞鹤’‘红玉映天’‘玉翡翠’‘玉玲珑’等。好想在上海的绿地中看到这些白玉兰新宝宝呀!

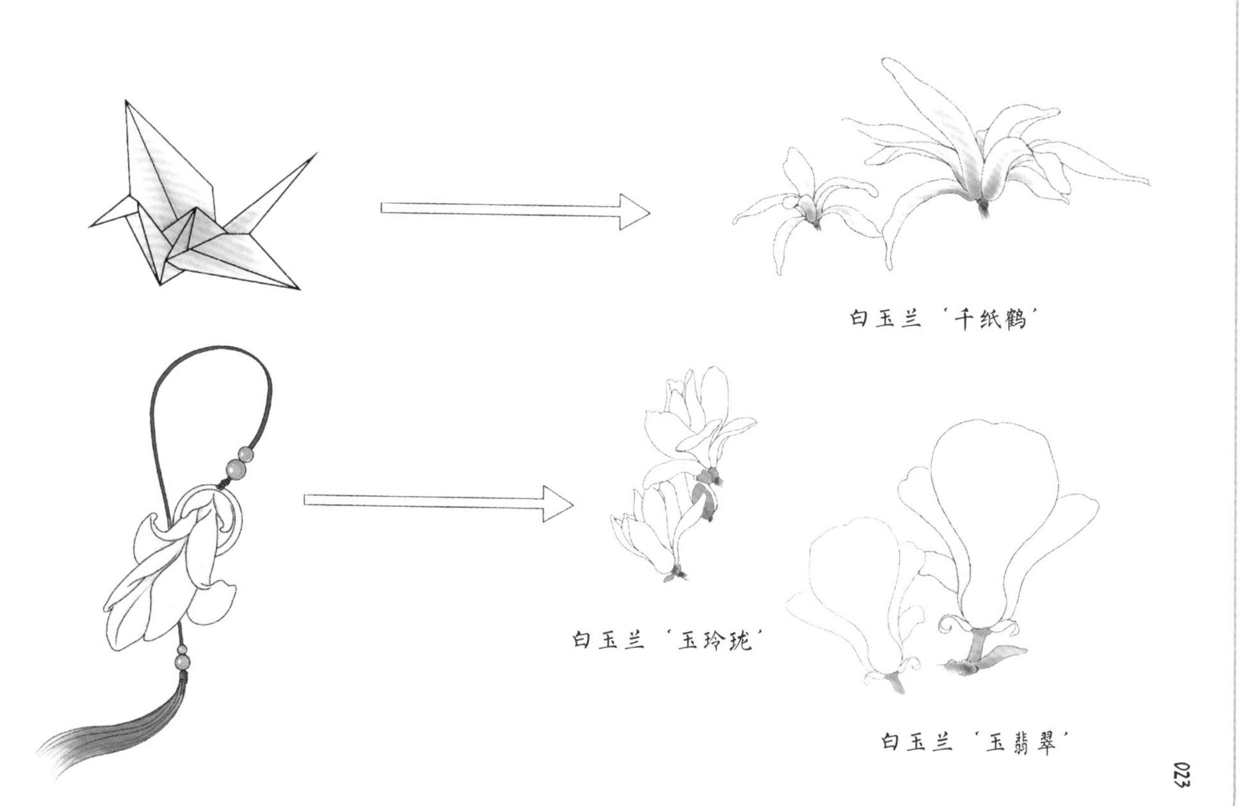

白玉兰‘千纸鹤’

白玉兰‘玉玲珑’

白玉兰‘玉翡翠’

精油皇后“玉兰油”

2020年5月12日　星期二　雨

今天课间休息的时候，小美拿出一个小玻璃瓶，里面装着一种淡黄色的液体。她打开瓶盖让我闻，一股清香扑面而来，是久违的玉兰花味道，淡雅清爽。

小美说，这是她姑姑实验室提炼的玉兰精油。提炼过程特别复杂：先采集新鲜玉兰花，再经清洗、萃取和蒸馏等环节，最后过滤熟化后装瓶。150千克玉兰花才能萃取出0.5千克的精油。香奈尔的一款香水中就添加了玉兰精油。

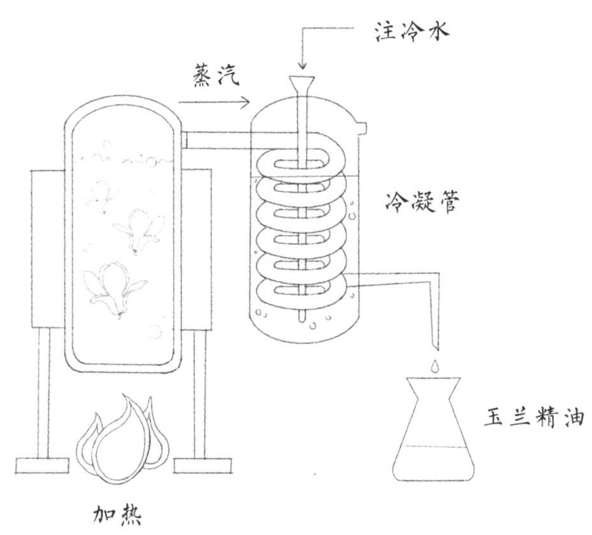

玉兰精油提炼过程

据说，科学家们从玉兰鲜花中，已经检测出25种芳香成分。但不同种类芳香成分及含量差异比较大，像白

高档化妆品

香水

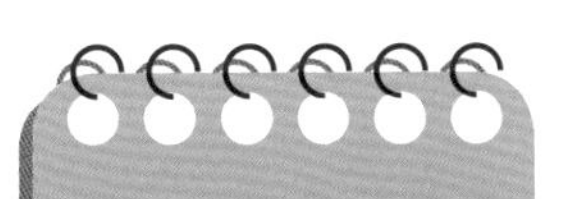

·想一想·

玉兰精油是如何诞生的?

玉兰和望春玉兰，它们都有自己独特的香气类型，其精油的用途也不一样。

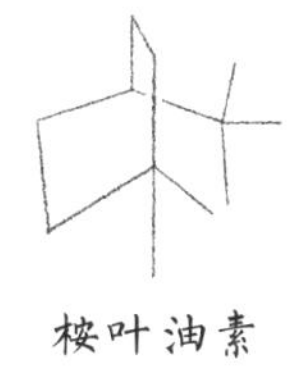

桉叶油素

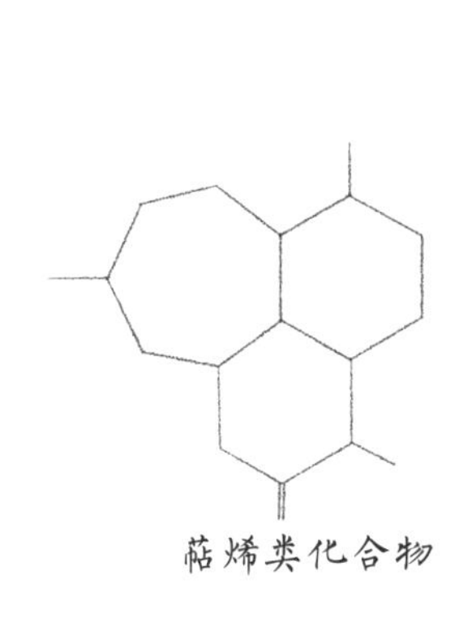

萜烯类化合物

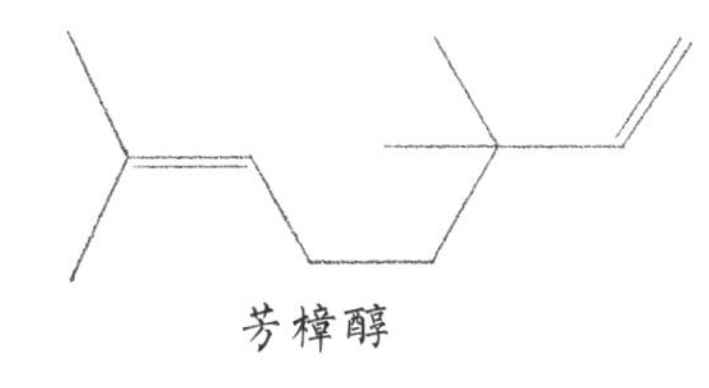

芳樟醇

『玉兰公主』的芭蕉扇

我给玉兰当『医生』

寻根问祖续玉兰家谱

玉兰祖籍在中国

玉兰和恐龙同时代

夏天篇

“玉兰公主”的芭蕉扇

2020年6月4日　星期四　多云

昨晚梦见自己拿着铁扇公主的芭蕉扇，在丛林里扑火逃生，大火把我吓醒。

走在上学路上，我还没从噩梦中缓过神来。抬头看到路边那株玉兰树上长满了郁郁葱葱的

叶片，那不就是一个个“芭蕉扇”吗？难道这就是我和白玉兰的不解之缘？这是冥冥之中早有的安排吧。

我观察了一下，白玉兰的叶片相互错开排列在枝条上，是我们在生物课上学到的“叶互生”。完整的叶子是由叶柄、叶片和托叶组成的。白玉兰叶片呈倒卵形，叶片下端好像一个倒立的鸭蛋，顶端尖尖的。我观察了一下，新长的叶片叶柄基部，有一个小的凸起，像极了翘起的“小尾巴”，这是玉兰的托叶。而老的叶片就没有，但有一个圆环状的圈。

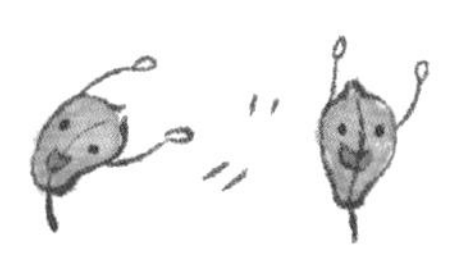

我把这个发现告诉了小美，小美说这是木兰科植物的典型特征，姑姑早就给她讲过。玉兰幼叶会有托叶，随着叶片成熟伸长，托叶就会脱落，留下环状托叶痕。

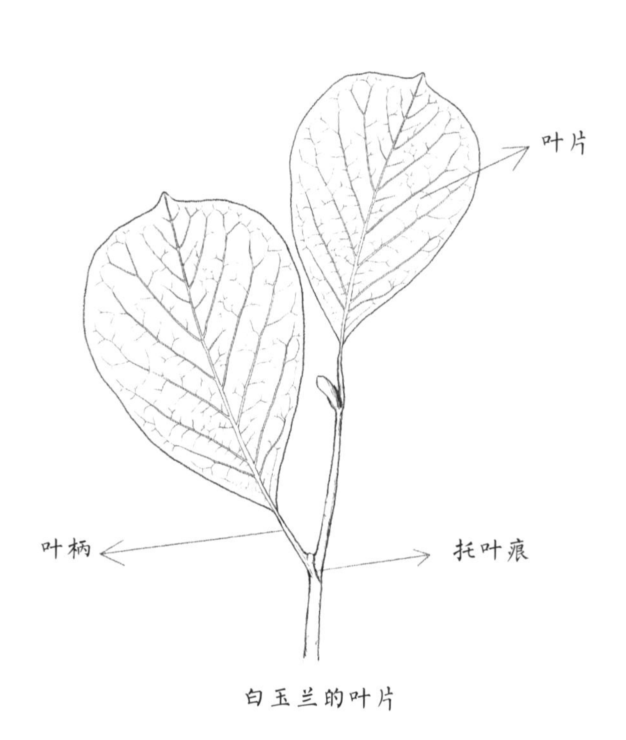

白玉兰的叶片

小美还告诉我，白玉兰的叶片比较薄，也很柔软，闻起来还有点香味。广玉兰的叶片更厚实，是革质叶，也就是皮革质感的叶子，而白玉兰的叶片质地只能算纸质的。

小美懂的真多，难怪被称为“植物达人”啊！我也得抓紧时间学习，不能输给她！

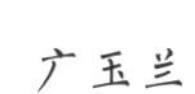

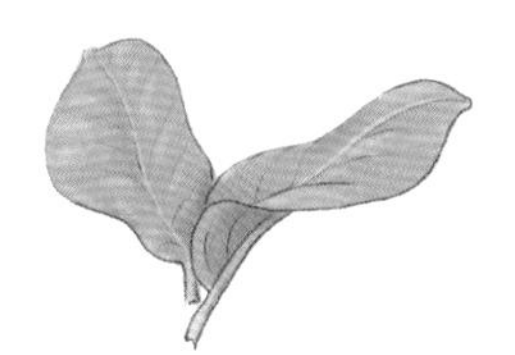

白玉兰

我给玉兰当“医生”

2020年6月17日　星期三　雨

今天，上海正式进入梅雨季节。我突然想起小美姑姑说过，在夏季尤其高温高湿的梅雨季节，长三角地区的白玉兰最容易得病。放学后，我和小美直奔校园门口那株白玉兰。果然发现有几片叶子上出现了大块的黄斑。我们赶紧求教小美姑姑。

姑姑说，这是玉兰树上常见的“炭疽病”，这种病就像人脸上长了雀斑一样，不会使玉兰死亡，但会影响生长，降低白玉兰的“颜值”。姑姑让我们不用着急，工人们会给叶子喷一种叫作“波尔多液”的蓝色液体，它们会好起来的。

我和小美这才放心了，希望它们赶快好起来。

炭疽病
波尔多液
7

小美姑姑说，白玉兰还容易得叶斑病，还经常遭受红蜡蚧、红蜘蛛和天牛等虫害。其中最难解决的是天牛钻蛀（天牛钻到白玉兰的树干中产卵），严重时会引起树体死亡，如发现有虫粪，要马上寻找虫孔，用棉球蘸毒性较低的杀虫液塞进去，再用泥巴封住洞口熏杀天牛。

其实，要想让玉兰避免这些病虫害，预防比治疗更重要，提前预防的话，白玉兰是很少生病的。

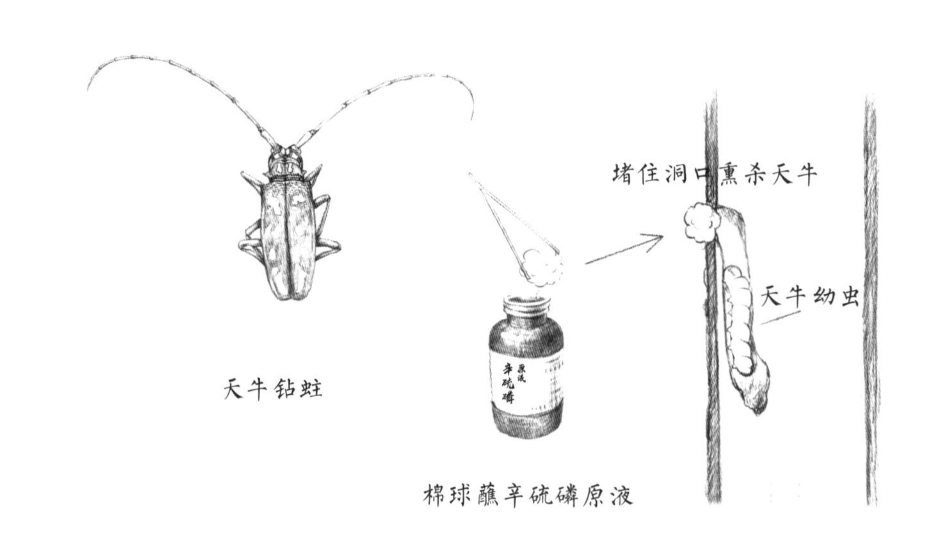

·想一想·

白玉兰的病虫害如何防治？

预防和防治刺吸性、食叶性害虫最有效的方法，是每年的10月底至11月初，向树干喷涂石灰粉，或者在离地面80厘米处绑扎一段喷涂乐果乳油的草绳，害虫会钻到草绳里产卵过冬，第二年春天把草绳取下烧掉，害虫也被一起消灭了。

对于白玉兰炭疽病，可以早春喷施广谱性的杀菌剂，同时土壤里增施有机肥和磷钾肥，提高树木生长势，降低炭疽病发生的概率。

我在心里暗暗祈祷，这株白玉兰要挺住，我们来给你当“医生”。

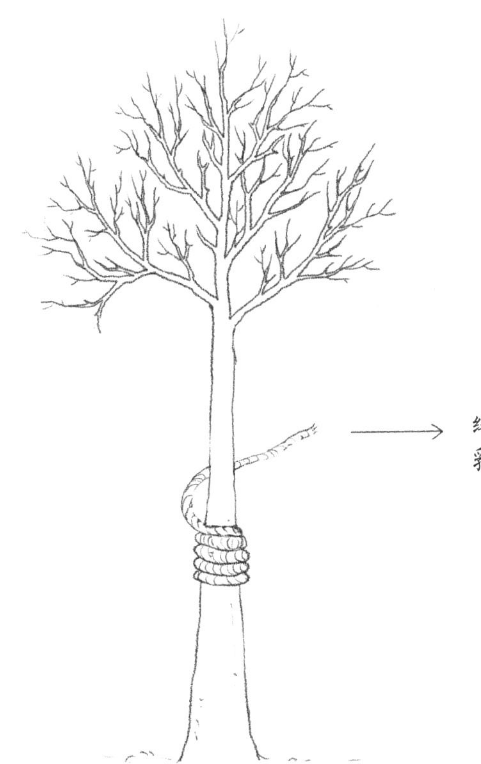

寻根问祖续玉兰家谱

2020年7月12日　星期日　晴

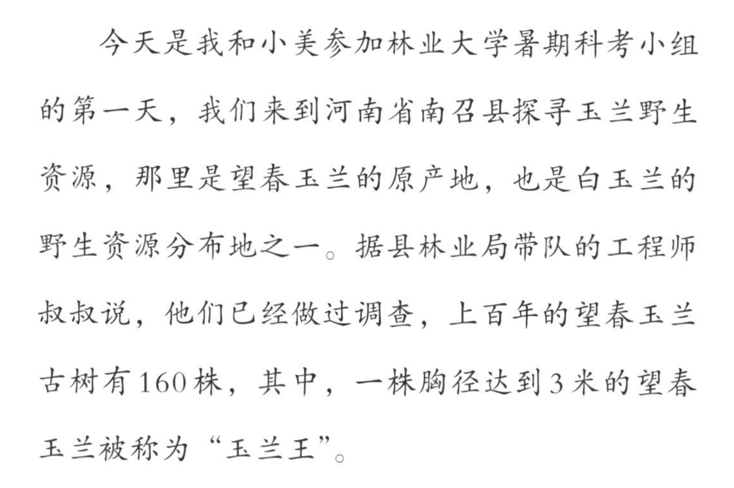

今天是我和小美参加林业大学暑期科考小组的第一天，我们来到河南省南召县探寻玉兰野生资源，那里是望春玉兰的原产地，也是白玉兰的野生资源分布地之一。据县林业局带队的工程师叔叔说，他们已经做过调查，上百年的望春玉兰古树有160株，其中，一株胸径达到3米的望春玉兰被称为“玉兰王”。

小美姑姑说，探寻古树资源的目的是弄明白白玉兰在玉兰家族中的分类地位，给白玉兰续写家谱。这很像我们人类的“优生优育”，弄清楚祖先，有优异基因的父母，才能繁殖出优秀的白玉兰后代。

小美姑姑给我们讲，玉兰有两种分类方法，早期的分类系统中，白玉兰被分在木兰科木兰属（*Magnolia*）的玉兰亚属玉兰组里。玉兰组的代表种有白玉兰，还有流淌着白玉兰基因的二乔玉兰，以及和白玉兰很相像的武当玉兰。近些年，有些分类学家主张把白玉兰与其外表相似的几个种合并成立一个新的属——玉兰属

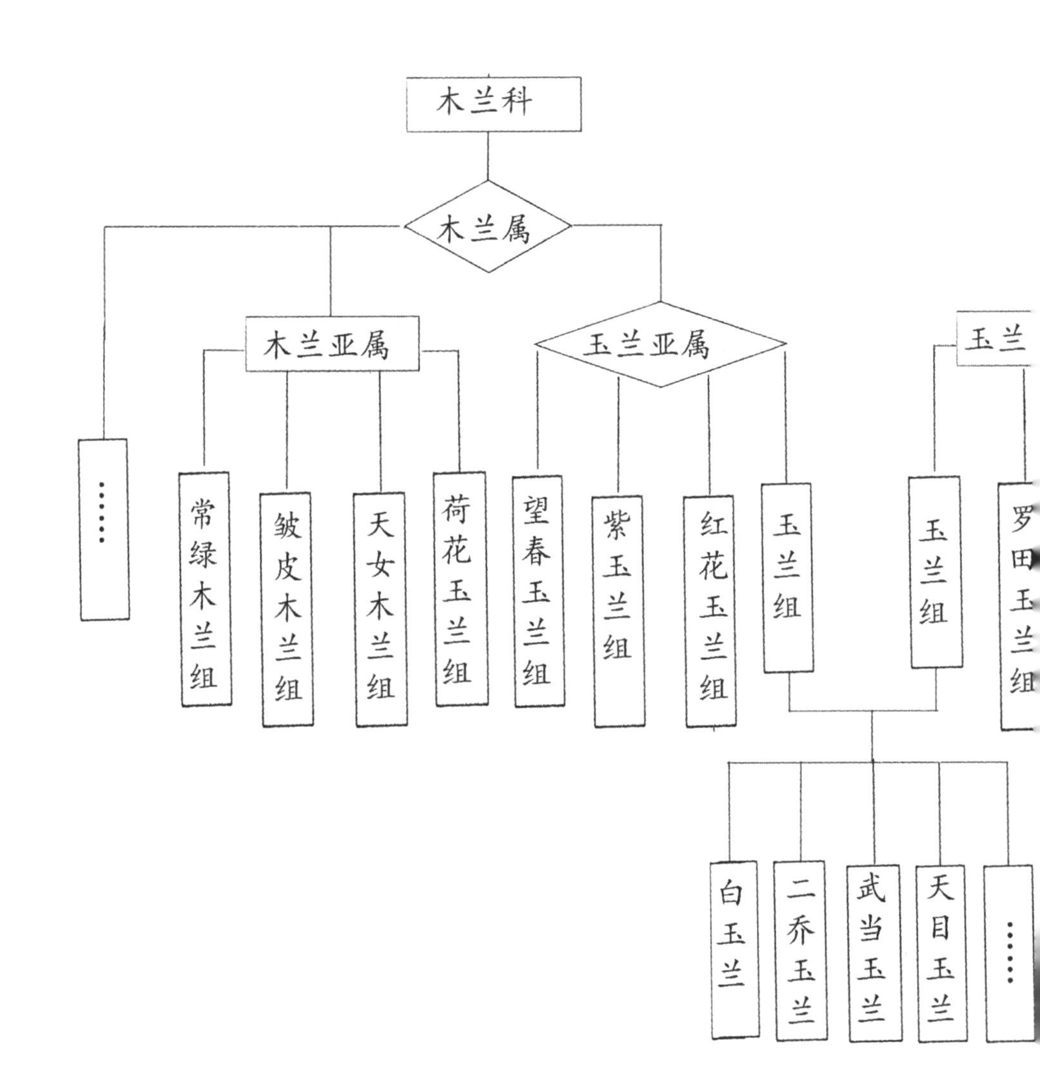

(*Yulania*)。根据植物命名法属名+种名，不同公园或绿地中，白玉兰标牌上可能出现两种拉丁名写法，即*Magnolia denudata*或*Yulania denudata*。

听起来这两种分类方法都有道理，可我还是偏向于第一种。到底白玉兰的祖籍在哪里呢？要想为白玉兰续上家谱，我们还要继续调查。

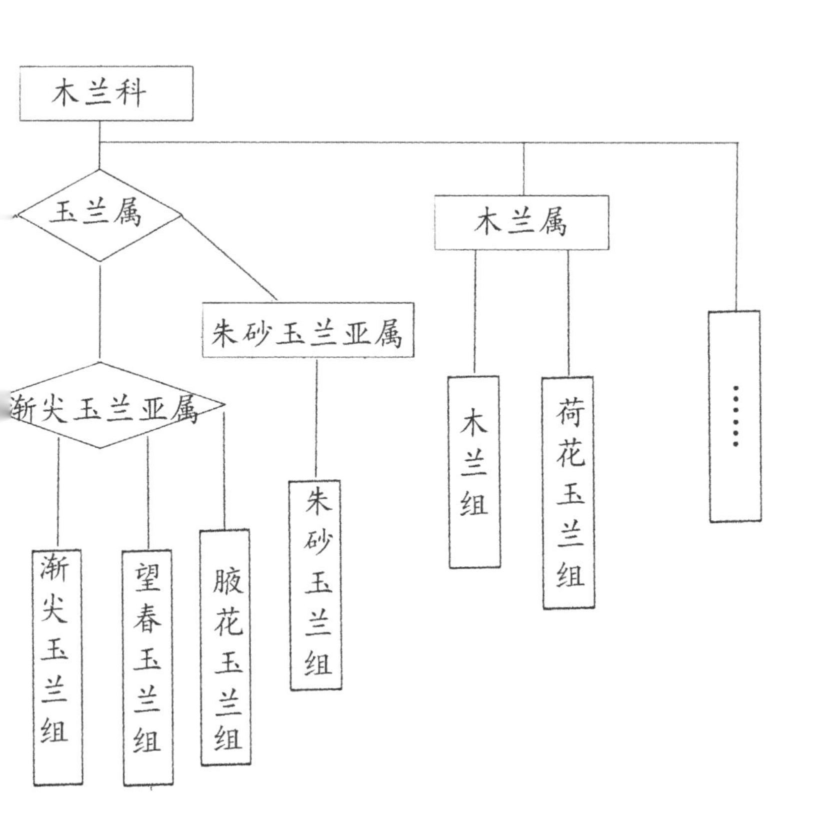

玉兰祖籍在中国

2020年7月21日 星期二 晴

今天，我给爷爷看河南科考活动的照片，告诉爷爷我们在河南找到了玉兰古树。爷爷说白玉兰的老家在中国，很多地方都能找到白玉兰古树。

有记载，陕西省周至县的一株白玉兰树龄超过1200年，曾经入选中国最美古树。

浙江省丽水市遂昌县一株白玉兰古树年龄达1300年。

上海大观园那株白玉兰古树树龄也超过100岁了，一棵树上最多能开3000多朵花。

上海西郊宾馆逸兴亭的一株白玉兰“名木”，是胡锦涛爷爷和哈萨克斯坦、吉尔吉斯斯坦、俄罗斯、塔吉克斯坦、乌兹别克斯坦的6国元首，在2006年共同种下的，用来纪念上海合作组织成立5周年。

陈云纪念馆的那棵白玉兰，花色洁白无瑕，树干苍劲有力，传承着中国共产党坚忍不拔、勇往直前的红色基因。2002年12月，这株白玉兰被上海市人民政府确认为“名木”。

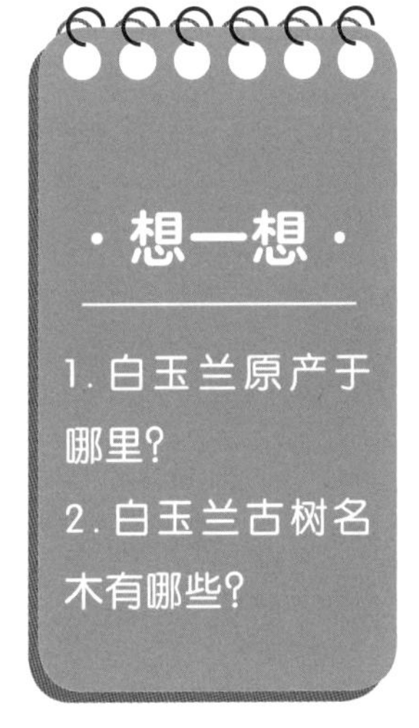

2020年8月17日　星期一　晴

今天，我和爷爷一起去上海辰山植物园标本馆，竟然看到了玉兰叶片标本。根据记载，几亿年前，恐龙繁盛的时候，地球上到处都是裸子植物。直到1.6亿年前，原始的被子植物才开始出现，其中就有木兰科植物。

恐龙在距今6500万年前就灭绝了，木兰科植物却顽强地活了下来，种类也越来越多。如此推算，白玉兰的祖先与恐龙在地球上共同生活了近一亿年，它们算是同一个时代的物种。

据资料显示，新疆塔里木盆地发现的早白垩纪木兰孢粉化石和现代的白玉兰花粉非常相似。而白垩纪早期是裸子植物与被子植物此消彼长的时代，也是木兰科植物起源的时代，木兰科植物很有可能最早起源于中国。我要把这个“秘密”告诉小美。

歪歪扭扭的果实

我为『四化』做贡献

上海城市新名片

宜食宜药花中宝

改头换面身体壮

秋天篇

歪歪扭扭的果实

2020年9月19日　星期六　晴

今天我和小美去开心农场采摘，看到那两排白玉兰树上挂满了一串串凹凸不平、歪歪扭扭的“红葡萄”。小美说这是白玉兰的果实，摸起来比葡萄要硬得多。

原来这就是玉兰的果实，它被称为蓇葖果，是由螺旋状排列的子房发育而来的。由于子房不能完全发育，发育快的子房会挤压发育慢的子房，抢夺营养和生存空间，最后就长成了歪歪扭扭的样子。

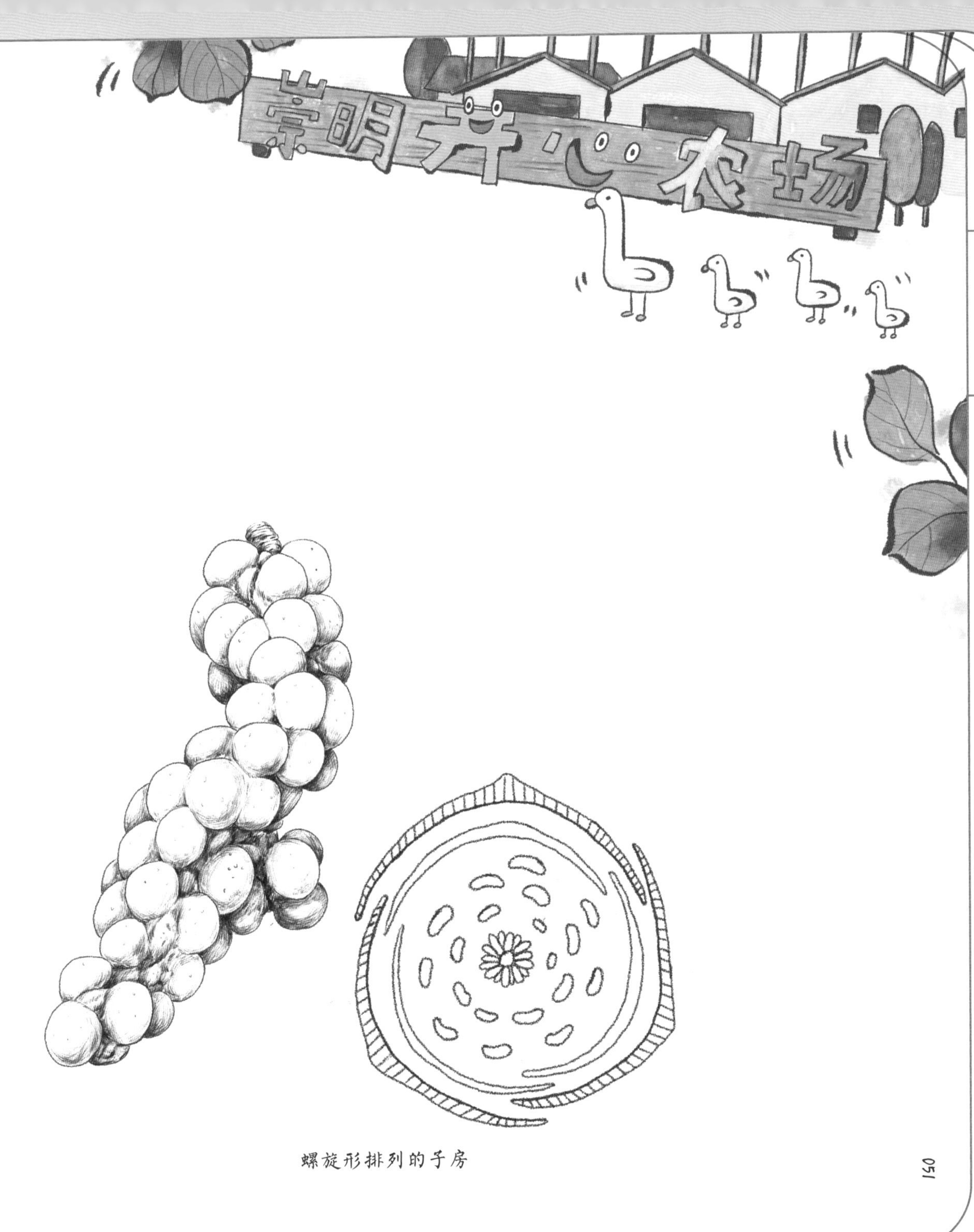

螺旋形排列的子房

《少儿百科全书》上还提醒我们，千万别中计，白玉兰的果实是不能吃的。外层的红色是它的假种皮，真正的种皮是里面那层黑褐色的内种皮。外层鲜艳的红色只是为了吸引鸟类的注意。其实玉兰的种子又硬又不好吃，但小鸟们经常上当。玉兰依靠像弹簧一样的细丝将一个个红色的种子悬挂在半空中，也是为了引起小鸟的注意。

·想一想·

1. 为什么玉兰果实长得歪歪扭扭?
2. 为什么玉兰的果实不能吃?

受骗的小鸟以为这是可口的浆果，叼来食用，未消化的种子被排泄在别处，这样既传播了种子，又提供湿度以促进种子萌发。看样子，白玉兰洁白的花朵背后藏着一颗“狡猾”的心。

鸟类——生物多样性的使者

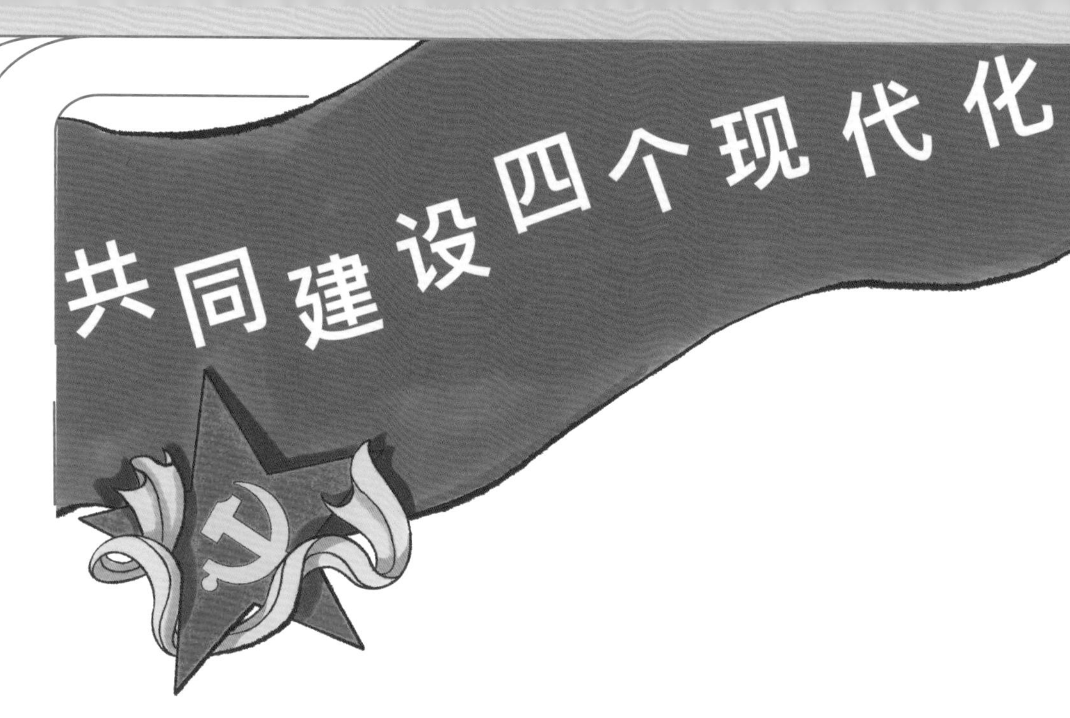

我为“四化”做贡献

2020年10月8日　星期四　晴

今天是国庆长假的最后一天，我和小美相约到人民广场。广场上的两排白玉兰方阵和随风飘扬的五星红旗交相辉映，好威武！小美说，在春天，这是观赏白玉兰的网红打卡点。

听爷爷说过，人们喜欢在门前院后种植玉兰，与海棠、迎春、牡丹在一起，取名“玉堂春富贵”，寓意吉祥、如意和富贵。上海人民在人民广场种植市花白玉兰，象征着国家昌盛、人民富强，上海人民安居乐业、生活美满！

四个现代化

小美姑姑说，2018年上海市绿化和市容管理局提出了城市绿化“四化”目标。我听爷爷讲过他年轻时要为“四化”做贡献，是一回事吗？原来爷爷那时的“四化”是“工业、农业、国防、科学技术现代化”的简称，而绿化“四化”则是指城市“绿化、彩化、珍贵化和效益化”。白玉兰作为市花，不仅是“彩化”树种，能开出洁白的花儿，还具有强大的生态功能，可以吸收有毒有害气体，是抗污染树种的“老大”。想打造出更多的市花景观，一定要选育出好的白玉兰品种，种到上海的大街小巷，才能产生震撼人心的效果。我暗下决心，也要为上海绿化“四化”做贡献！

· 想一想 ·

白玉兰在绿化“四化”中能起到哪些作用?

上海城市新名片

2020年11月5日　星期四　晴

今天，学校组织收看上海举办的第三届中国国际进口博览会开幕式。我们还有幸看到了《玉兰之城——玉兰花开，削玉万片》纪录片，整个直播间背景都是白玉兰，好震撼！画面里一株株、一排排挺拔的白玉兰，或满树繁花，或一枝独放。白玉兰文化元素随处可见，每幅画卷、每件旗袍、每盏茶杯、每个书签，都渗透着上海市民对白玉兰的情有独钟，描绘着上海市民和白玉兰千丝万缕的生活画面。

老师说，上海是全球卓越城市，有很多名片，黄浦江是上海名片，东方明珠也是上海名片，白玉兰代表着蒸蒸日上的上海城市精神，是上海的新名片。

我爱白玉兰，更爱上海这座海纳百川的城市。

宜食宜药花中宝

2020年11月9日　星期一　雨

昨天下了一整天的雨，结果今天我的鼻炎就发作了。从抽屉里翻出经常用的喷剂，我突然发现药品说明书里写着药的主要成分竟是从玉兰花蕾中提炼的。

我把这个发现告诉了小美。小美说，玉兰花儿里的挥发油对鼻黏膜血管有收缩作用，能促进分泌物的吸收，改善鼻孔通气，历来是我国中医治疗鼻病的主药。提炼这种挥发油主要用玉兰树上的那个“小毛笔”，《本草纲目》里称其为“辛夷”。小美懂的玉兰知识比我多多了，好丢人！我一定要弄明白“小毛笔”是什么。

一回到家，我就问爷爷关于“小毛笔”的事情。爷爷说“小毛笔”其实是玉兰的花蕾，现在的玉兰树上就能看到“小毛笔”了。

药用

食用

玉兰花除了花蕾能制药，花瓣还能和桑叶等一起制成玉兰花茶；或煮粥、酿制糕点，和鸡蛋、面粉一起做玉兰蛋饼，那种特有的清香让爷爷至今难忘。但爷爷说并不是所有的玉兰都能食用，听说紫色、黄色的玉兰花都有点小“毒性”，只有白色玉兰花瓣没有毒性。真是这样吗？有机会我要弄清楚。

玉兰花茶

改头换面身体壮

2020年11月28日　星期六　晴

今天，我和小美来到上海市园林科学规划研究院的苗圃。工人叔叔正拿着剪刀给玉兰树“剃头”，每株玉兰上只留3～4个光秃秃的枝。另一个叔叔则拿着刀子在每个枝条上划一道口子，把一个短短的芽插到伤口里，再用塑料薄膜将它们紧紧地绑扎在一起，好像在给玉兰做手术。小美姑姑说：这是繁殖玉兰种苗最常见的一种方法——嫁接法，就是“改头换面”。

刚才看到的被剪得光秃秃的枝丫是望春玉兰，砧木伤口里插进去的是白玉兰的叶芽，明年春天叶芽会长成一个枝条，之后每年都会再长出新的枝条。2～3年后，望春玉兰的“头”上就能长满白玉兰的枝叶。

据小美姑姑讲解，望春玉兰的根系发达，抗水湿又耐盐碱。而白玉兰抗性弱，嫁接后的白玉兰苗木比原来要强壮很多！

砧木——望春玉兰

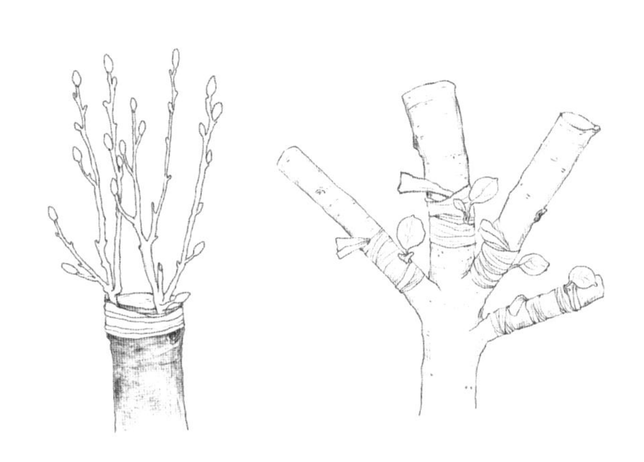

接穗——白玉兰新优品种

在苗圃里，我们还看到了很多装满细沙的箱子，细沙里埋着一粒粒饱满的种子。姑姑说，培育砧木望春玉兰种苗采用播种繁殖。但望春玉兰种子种皮很厚，直接播种很难发芽。种子采收后需要把湿沙和种子按3：1混合，低温储存3~4个月，第二年春天播种。这样种子的发芽率会大大提高。

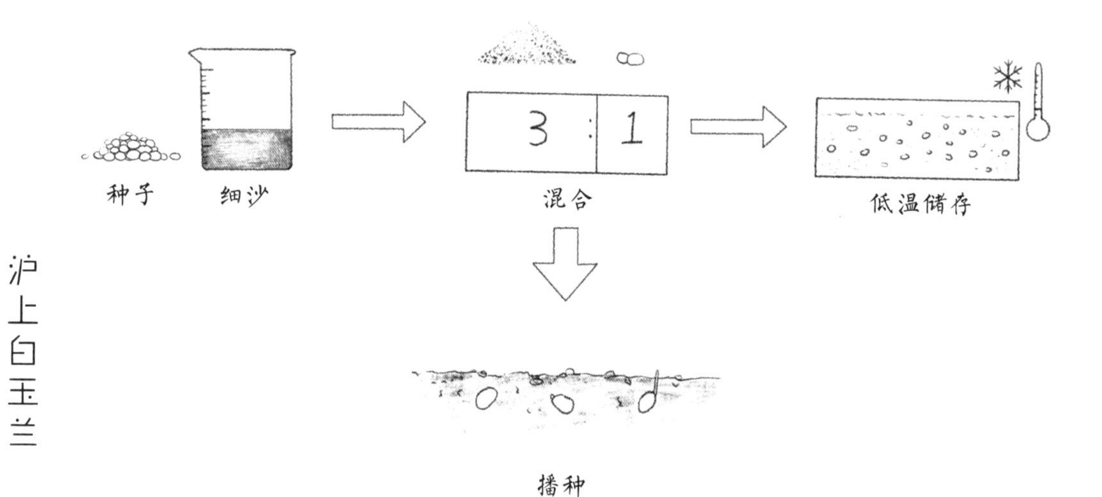

·想一想·

玉兰是如何进行嫁接繁殖的?

播种繁殖的玉兰开花需要3~4年，高枝嫁接繁殖的白玉兰种苗第二年就能开花。

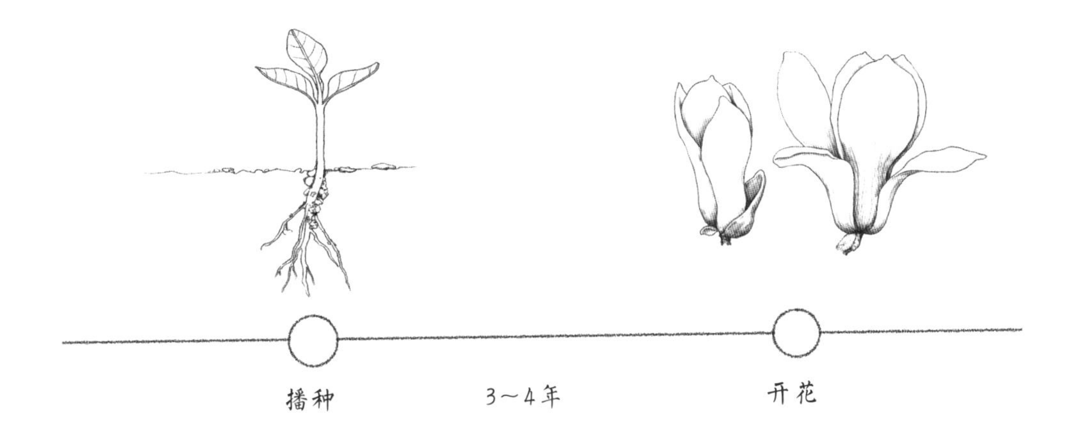

毛茸茸的花骨朵
水嫩肉根沃土藏
乔迁新居有点难
新技术喜迎春天

冬天篇

毛茸茸的花骨朵

2020年12月13日　星期日　晴

今天，我和小美作为志愿者，参加了植物园科普宣传活动，顺便去看玉兰的“小毛笔”。木兰园里，玉兰树的枝条上“小毛笔”直挺挺地立在枝头，外面一层灰绿色的毛，摸起来毛茸茸的。小美说白玉兰的花蕾，也俗称“花骨朵”。我感觉似乎有点眼熟，突然想起这就是前年在北京逛庙会时，见过的一种民间工艺品，叫“毛猴”，猴身应该就是用这个“小毛笔”做的。

毛猴

小美告诉我，“小毛笔”要经历寒冬，到第二年春天才能开花。开花需要的温度比展叶温度低，所以玉兰是先开花后长叶。满树开花时，没有树叶的遮掩，可以吸引更多的昆虫来传粉，这是为培育下一代宝宝打算的。

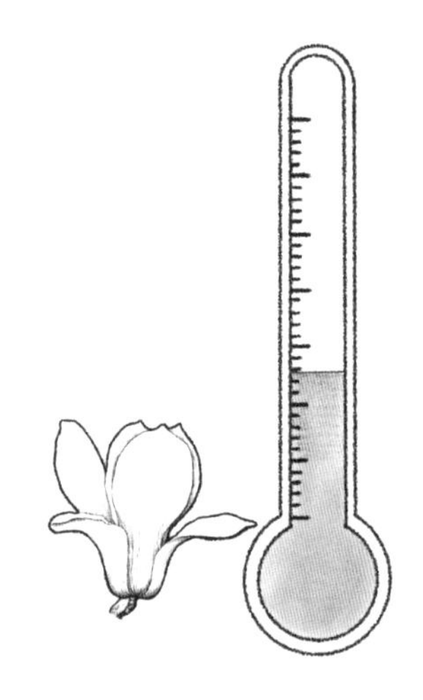

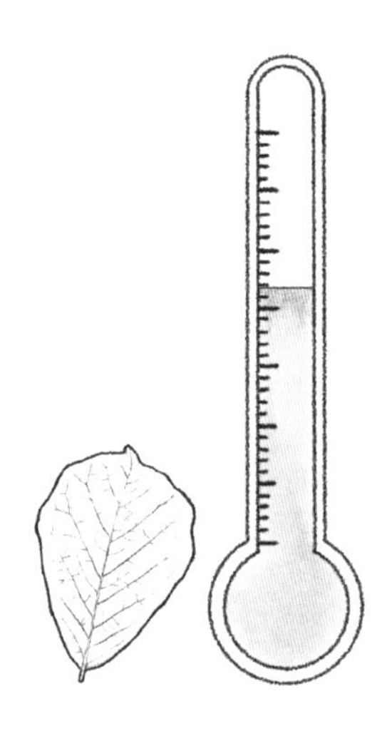

开花需要的温度比展叶的温度低

小美说她还看到有用带“小毛笔”的枝条插花呢。

·想一想·

1. 玉兰花芽的形态。
2. 白玉兰为什么先开花后长叶?

水嫩肉根沃土藏

2021年1月1日　星期五　晴

元旦假期，我和小美随着她姑姑到上海闵行文化公园种植白玉兰。这些白玉兰大树是从河南省南召县运过来的。它们好大好高呀！胸径足有30厘米，目测高度有8米。这些大树的枝条上光秃秃的，没有一片叶子，根部都带着一个大大的土球，外面用草绳五花大绑地捆扎着，间隙中伸出很多大小不一的根，工人们拿着剪刀将一些断的、长的根剪掉。

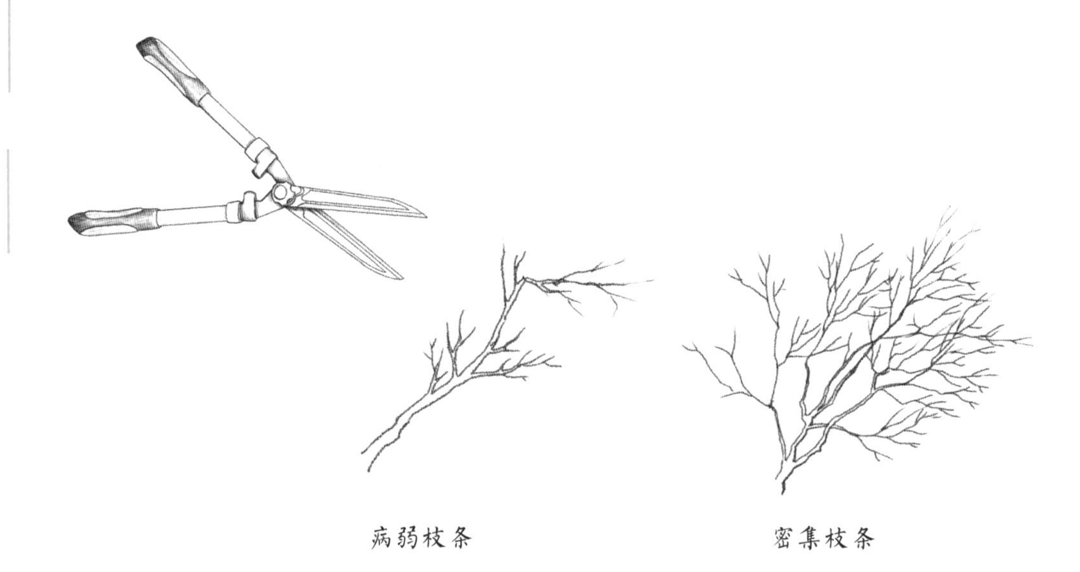

小美姑姑告诉我们，白玉兰的根属于肉质根，水嫩水嫩的，特别娇气。所以落叶进入休眠期后，才能进行移栽。移栽前还需要修剪掉病弱或密集的枝条，以及多余的小根，第二年春天原有的根上就能发出更多小的毛细根。毛细根是吸收水分和营养的好手，毛细根越多，玉兰生长恢复得就越快。

·想一想·

1. 白玉兰根系长什么样子？
2. 白玉兰与望春玉兰的根系有哪些区别？

姑姑让我们观察白玉兰和望春玉兰根系的区别，我们发现白玉兰的根与大部分乔木根系不同，它主根发达，侧根少，肉质肥大。而望春玉兰主根上发出的侧根比白玉兰多很多，毛细根更多。小美姑姑说，就是因为望春玉兰根系比较发达，耐水湿能力强，才选择它做砧木，也就是嫁接繁殖时承载接穗的植株。我突然明白了上次看到的白玉兰“改头换面”的道理。

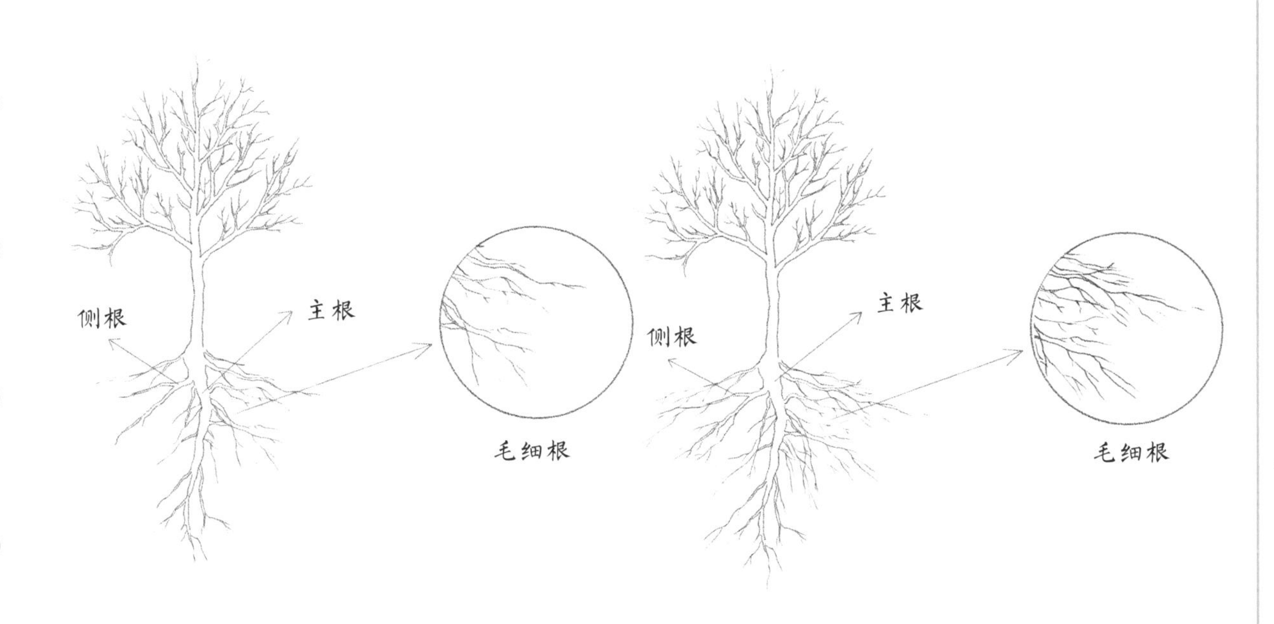

白玉兰和望春玉兰的根系对比

乔迁新居有点难

2021年1月2日　星期六　阴

今天，我们继续到闵行文化公园看种植白玉兰。昨天，工人们已经完成了种植前的修剪、挖坑和配土等准备工作。每个树穴是一个直径1米、深1米的大坑，树坑旁都堆着配生土。姑姑说移植白玉兰大树时，人工配制的“土”，就叫“配生土”。这种土就好像小时候妈妈给我们配的奶粉，这些专用的配生土疏松肥沃，有利于白玉兰大树的根系恢复生长。

玉兰大树需要用吊车移入树穴，树穴中先用回填土堆成馒头状的土堆，大树土球刚好“蹲”在上面，再向四周回填配生土。因为白玉兰的根怕水淹，回填土堆得比地面要高出20厘米，形成小土坡，避免根部积水并且方便雨水尽快流走。

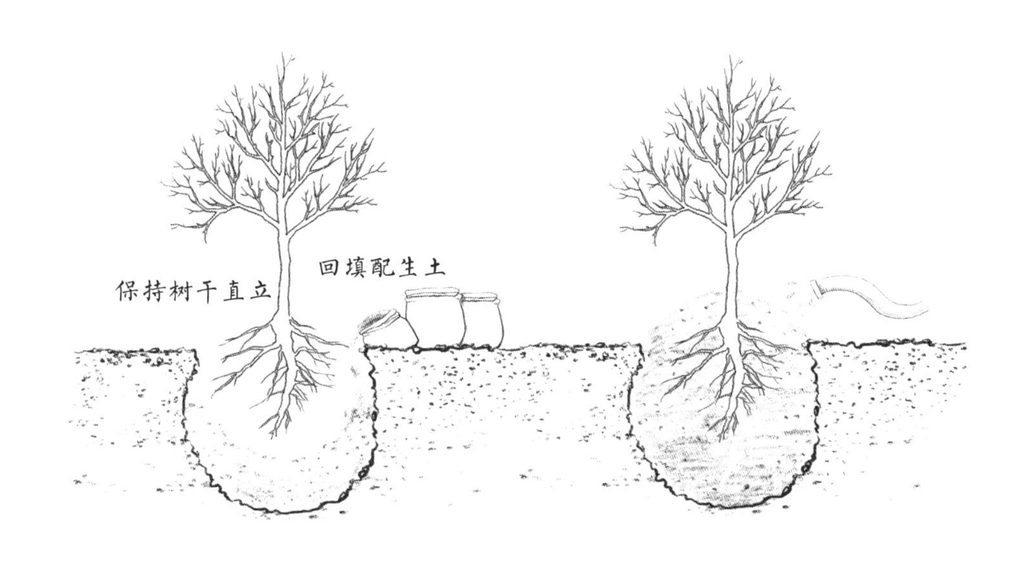

地下内支撑技术

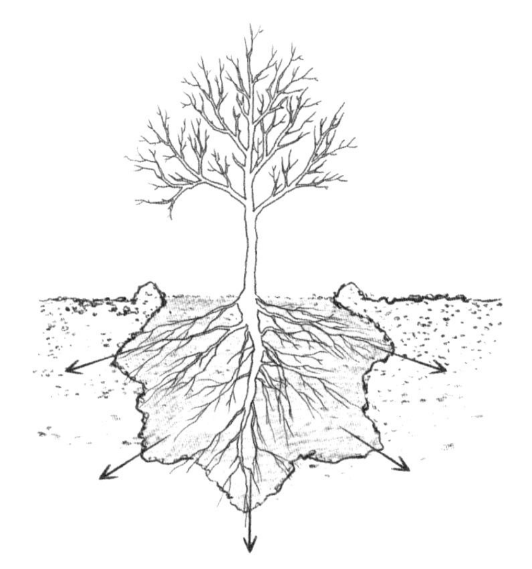

引导根部向四周放射性生长

小美姑姑说，刚移栽的树根与周围土壤接触不紧密，伴随着浇水，土还会发生沉降。为防止刚移栽的玉兰被大风吹倒，需要用木桩在四周支撑起来。但周围安装木桩不太美观，他们发明了地下内支撑技术，适用于大树等行道树的固定，既美观又节省地上空间。

姑姑还带我们看了一个五角形的树穴。姑姑解释说：“通常树穴都是圆形或方形的，根据白玉兰根系的生长特点，我们设计了这种不规则的树穴，是为了诱导根系呈放射状生长，从四周均衡地吸收水分和养分，促进树冠均衡生长，从而塑造更加优美的树形。”

·想一想·

1. 大树移栽要点。
2. 大树内支撑和异形树穴塑形技术。

姑姑还说，白玉兰乔迁完成后，第二年春季需要在树穴周围翻土施加肥料，促进大树生长。在雨季来临前挖好排水沟，防止树穴积水烂根。

原来种白玉兰大树真的没那么容易，有那么多的学问！希望这些白玉兰大树在它们的“新家”中都能茁壮成长。

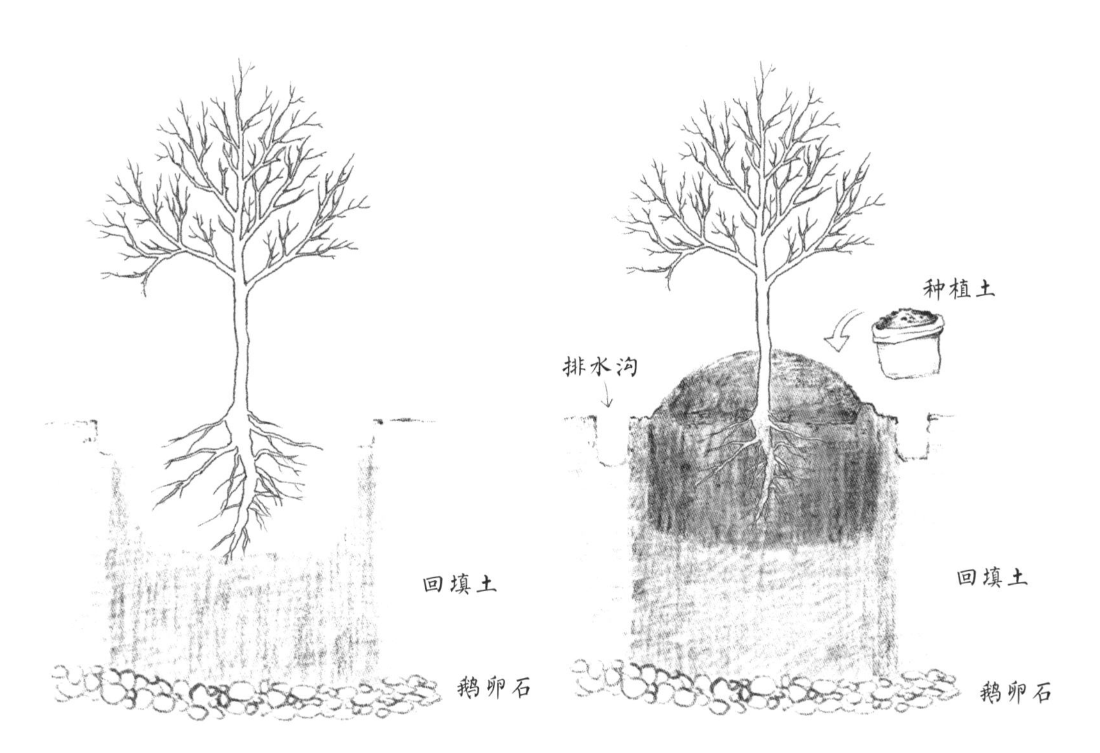

新技术喜迎春天

2021年3月12日　星期五　晴

今天是植树节，东方卫视晚间新闻里，我看到上海市委书记李强爷爷带领市领导在苏州河畔长风公共绿地植树，我竟然看到有棵树挂着小美姑姑选育的白玉兰新品种标牌。奇怪，这株白玉兰一点开花的迹象都没有，而校园里的白玉兰马上要开花了。

下午，我们到小美姑姑单位的苗圃上校外实践课。走进大棚一看，更加奇怪，这里白玉兰的“小毛笔”都不见了。

姑姑说，“小毛笔”被提前摘掉了，为的是减少开花消耗树体营养。等叶子长出后，还要喷施激素，让白玉兰分化出新的花芽，实现夏季开花，这就是花期调控。据介绍，他们目前已经采取两种方法对白玉兰进行花期调控：一是冷藏带有成熟花芽的白玉兰，通过温度精准调控技术延长白玉兰休眠期，使花期推后；二是激素精准导入技术，使白玉兰在适当的季节二次开花。

配制促花药剂

喷施玉兰枝叶

新闻上说，2021年第十届中国花卉博览会将在上海崇明召开，博览会将从5月21日持续至7月2日，一批开花的白玉兰将在开幕式上亮相，喜迎国内外嘉宾。白玉兰还会在7月1日如期绽放，为中国共产党建党100周年华诞送上一份贺礼。听说他们培育出的有知识产权的白玉兰新品种‘玉翡翠’‘玉玲珑’也在花期调控中。我好感慨，还有那么多的新技术让白玉兰常年开花。

冬天快走了，我们和白玉兰一起期待着春天的到来。我和小美都能想象出花博会开幕式上的白玉兰新品种绽放的美丽模样。

· 想一想 ·

1. 玉兰花期延迟技术有哪些？

2. 花博会上白玉兰会有哪些表现？

市花白玉兰大事记

1912年

复旦大学将白玉兰选为校花。

1986年

白玉兰作为上海市花经上海市人民代表大会通过。

2002年12月

陈云纪念馆一株白玉兰被上海市人民政府确认为“名木”，编号为0660。

2006年

纪念上海合作组织成立5周年，六国元首在西郊宾馆共植白玉兰。

2011年

六国元首共植的白玉兰被上海市人民政府确认为“名木”，编号为1722。

2018年4月

上海市领导提出“做好做足市树市花白玉兰文章”的工作要求。

2019年11月

中国国际进口博览会开幕式上全球首映《玉兰之城》纪录片。

2019年3月27日

上海市园林科学规划研究院培育出有自主知识产权的白玉兰新品种。

2019年10月

白玉兰入选上海市发布的第一批“四化植物”名录。

2020年1月

上海市园林科学规划研究院举办“玉兰书画展”。

2020年10月

国家林业和草原局在上海市园林科学规划研究院挂牌“上海玉兰种质资源保护与利用国家长期科研基地”。

2021年3月12日

上海市委书记李强于植树节植树，白玉兰新品种‘玉玲珑’入驻苏州河畔长风公共绿地。

2021年5月21日

第十届中国花卉博览会召开，白玉兰亮相开幕式，得到上海市委书记李强的称赞。

2021年7月1日

白玉兰为中国共产党100年华诞献礼，再次亮相第十届中国花卉博览会闭幕式。

傲骨冰心　风采玉兰

——白玉兰摄影书画作品征集活动作品展

2020年，上海市园林科学规划研究院联合《园林》杂志社，以“傲骨冰心，风采玉兰”为主题、白玉兰为题材，面向全市市民公众开展“白玉兰摄影书画作品征集活动”。征集活动自开展以来，得到广大市民公众的积极参与。

本次活动以大众喜欢的摄影及书画形式，吸引了更多的人加入挖掘白玉兰文化价值中。本次活动的成功举办，充分体现了上海市民群众对白玉兰的喜爱。

拍一拍　部分获奖摄影作品展示

作　者：朱齐明

作品名：傲骨冰心

拍摄地点：苏州拙政园

作品故事：以天幕作为背景，展现出白玉兰虬曲有力的枝条与冰清玉洁的花朵的力与美、刚与柔。

作　者：朱纯琰

作品名：孕育希望

拍摄地点：上海人民广场

作品故事：含苞待放的白玉兰缀满枝头，作为春天的使者，白玉兰迎着阳光奋发向上，孕育着希望，送来了盎然春意。

作　者：薛　巍

作品名：耦园玉兰

拍摄地点：苏州耦园

作品故事：一座古风十足的苏州庭院，一株挺拔苍劲的白玉兰，黑白相间搭配，让人瞬间感受到浓浓的春天气息。

作　者：卢伟明

作品名：宅家——中国必胜

拍摄地点：上海某住宅区

作品故事：窗外的白玉兰悄然开放且朵朵向上。新冠病毒不可怕，只要全世界人民齐心协力，一定能战胜病魔。

作　者：李睿杰

作品名：玉兰花开，春到人民广场

拍摄地点：上海人民广场

作品故事：五星红旗飘扬在盛放的白玉兰上方，寓意在以习近平同志为核心的党中央坚强领导下，上海一定能够战胜疫情。春天到了，希望就到了，老百姓的日常生活一定能够恢复正常。

作　者：夏龙娟

作品名：传承白玉兰精神

拍摄地点：上海南翔古猗园

作品故事：喜欢洁白、淡雅的白玉兰花朵，也喜欢翠绿繁茂的叶。

作　者：陈志民

作品名：都市之春

拍摄地点：上海浦东陆家嘴中心绿地

作品故事：白玉兰，上海市花。东方明珠，上海地标性建筑。二者相互映衬，反映了改革开放后上海浦东的飞速发展和崭新面貌。

作　者：朱立凡

作品名：月光小夜曲

拍摄地点：上海纪念路289号（三湘世纪花城）

作品故事：十五月圆之时，白玉兰在月光下显得更加风姿绰约。

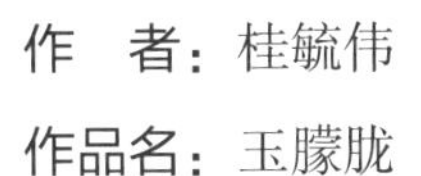

作　者：桂毓伟

作品名：玉朦胧

拍摄地点：上海吴泾公园

作品故事：蓝天白云映衬下，白玉兰犹如玉琢。

作　者：丁义祥

作品名：萌　芽

拍摄地点：上海闵行体育公园

作品故事：布满了茸毛的白玉兰嫩叶，在阳光下金灿灿，代表着人民对美好生活的向往。

画一画，写一写 部分获奖书画作品展示

作　者：刘汇茗

作品名：银花玉兰

作品故事：白玉兰在初春盈盈的暖意中悄然绽放，不与百花争艳，却给人们心中装满了整个春天。

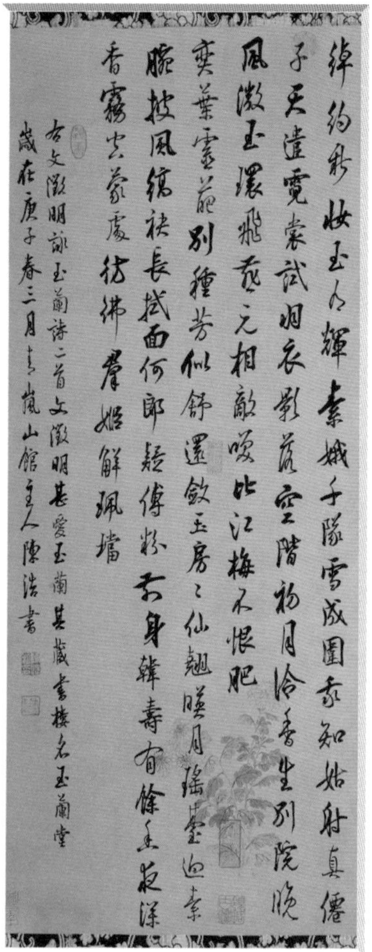

作　者：陈　浩

作品名：文徵明咏玉兰诗二首

作品故事：玉兰堂藏书楼，是明代书画大家文徵明的藏书楼。文徵明尤爱玉兰花，本作选取的文本内容便是他咏玉兰花的诗句，以二王（王羲之和王献之）行书风格进行书法创作。

作　者：徐天明

作品名：玉兰花开

作品故事：运用水融性彩铅材料的特点，将花朵微妙的颜色变化和姿态整体呈现，充分体现白玉兰作为上海的城市文化符号，所代表的城市精神与品格。

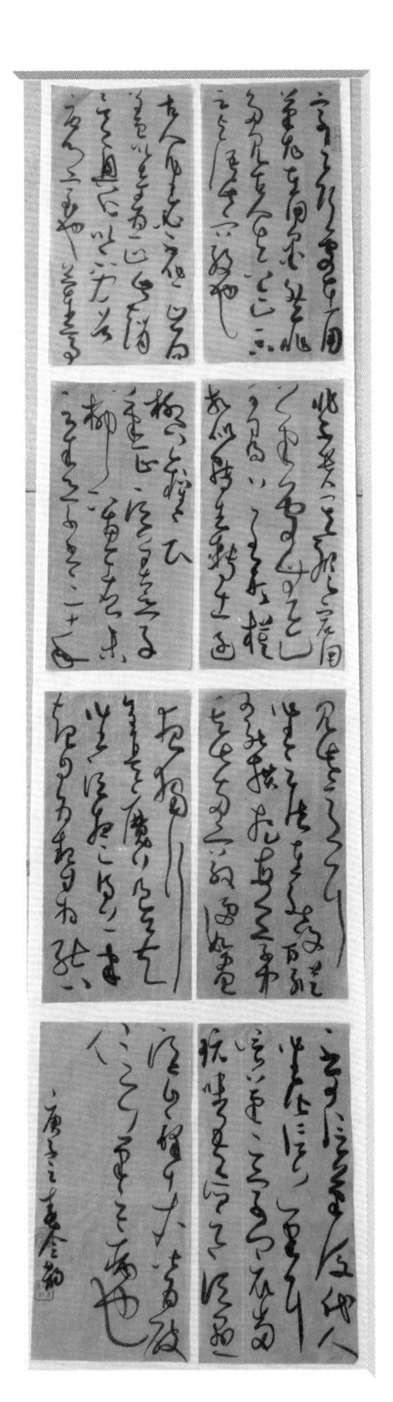

作　者：孔令韵

作品名：古文选录

作品故事：作者赏罢白玉兰，为白玉兰高洁的性情所折服，故以草书形式表达情感。

作　者：张　敏

作品名：玉兰颂

作品故事：白玉兰婀娜多姿，飘逸不浮，素装淡裹，晶莹皎洁，有一种出淤泥而不染的高尚情怀。作者为此作品情不自禁流露出“冰”“清”“纯”三个扇面的首字。

后　记

编写这本科普绘本源于2019年10月与中国工程院曹福亮院士（南京林业大学原校长）的一次学术交流。当时曹院士刚刚牵头完成《听伯伯讲森林的故事·树木篇、生态篇、保护篇》系列科普图书定稿工作，正在策划另一系列科普图书，重点聚焦我国各区域有文化底蕴、经济价值高、有产业推广前景的树种。当曹院士得知近几年上海市园林科学规划研究院（以下简称“上海市园科院”）在上海市花白玉兰研究上取得的系列成果，认为白玉兰完全符合该系列丛书对树种的要求，鼓励我们以上海市花白玉兰为对象，出版一本科普图书。这个提议得到了上海市园科院张浪院长的大力响应，院内立刻成立编写工作组，院植物研究所全员参加，于2019年12月全面启动图书编写工作。

但多次提笔，却不知从何写起。我们组队到南京林业大学向《听伯伯讲森林的故事》编撰组学习，作者曹院士和周吉林老师组织了10多位林学、文学、绘画专家，听取汇报，集中研讨。我的汇报里有几组数字：1986年，白玉兰被选为上海市花；截至目前，以白玉兰为书名的图书仅有1本16开本的《白玉兰》(2000年，杨志成编著，隶属余树勋主编《中国名花丛书》，由上海科学出版社出版)；2018年，经我们调查，上海中心城区272条道路中白玉兰占比不足1%；上海至今没有1个白玉兰主题公园，没有1条白玉兰大道。周老师听取汇报后，果断地为该书定名《沪上白玉兰——小明观察日记》。我深深地体会到这个书名背后的殷切希望和深远用意。目前，白玉兰作为卓越的全球城市上海的市花，其洁白无瑕、朵朵向上、奋发拼搏的城市精神显然没得到充分彰显。为了让广大上海市民走近市花、了解市花、热爱市花，让白玉兰精神代代相传，从娃娃抓起准没错儿。这正是曹院士倡导的弘扬科普教育的魅力所在。在此特别感谢民革上海市委会副主委、上海市政协委员王慧敏从2018年连续多年对加强市花白玉兰科研和宣传提案做出的努力。

得此书名，我豁然开朗，一个个普通上海市民——朝气蓬勃的小学生、探索知识的科学家、传播美好生活的画家等人物形象出现在我的脑海里。以一位小学生对白玉兰认识的不断加深为主线，按春夏秋冬的时间顺序，借助日记、漫画等形式，穿插着诸多生活学习情景，围绕“白玉兰文化”“白玉兰花、果、叶的形态”“白玉兰的栽培和繁育”“白玉兰的开发利用”“白玉兰的绿化工程应用”等方面，用简洁通俗的文字和新颖有趣的图画，把多年来我们在白玉兰科研上取得的成果及方方面面的科普知识融入其中，整本书便这样形成一个完整的故事。在此特别感谢西安植物园王亚玲研究员、南京林业大学周吉林教授、浙江农林大学园林学院申亚梅教授在白玉兰生物学特性和形态等方面的指导。

这本书历时近两年才完成，从2020年1月底的国内新冠疫情进入紧急状态，到2020年6月疫情的全球蔓延，到2021年3月印度出现新冠病毒变异毒株，再到2021年7月新冠病毒变异毒株在国内多点反扑，种种外部环境都为本书的编写增加了不少难度。2020年1月，由上海市园科院工会组织的白玉兰书画摄影比赛，因疫情限制了摄影、绘画、书法爱好者们外出采风，摄影和书画作品质量受到很大影响。从本书收录的一些书画摄影作品中也能看到特殊时期的烙印。在此对为书画摄影作品付出辛勤汗水的上海市绿化和市容管理局科信处、公绿处、绿办秘书处等领导，以及上海市园科院党委书记李雪梅、副院长崔心红、副院长林勇，院党群部黄芳、周鑫，院科研管理部张琪，《园林》学术编辑部熊尚华，院平台部赵莹莹等一并表示感谢。感谢南京林业大学张武军、彭斌、刘冬斌、卫欣等老师的悉心指导。特别感谢上海市徐汇区科技协会给予本书的出版经费补贴。

本书的出版多多少少存在遗憾，本想将全国各地的白玉兰古树名木尽收书内，但因白玉兰花期短，加上国内疫情防控仍然严格，我们未能如愿到达更多的白玉兰古树分布地。但有关白玉兰的研究还在继续，由上海市园科院培育有自主知识产权的白玉兰新品种将陆续和市民见面，白玉兰花期调控技术日趋成熟，在定期开放时间精准度控制方面的研究还在继续。本书的出版是加强对市花白玉兰科普知识宣传的一种形式，白玉兰新优品种图册、白玉兰新优品种工程应用实践等系列丛书已纳入上海市园科院“十四五”科研规划。出版系列白玉兰丛书，旨在为打造世界城市上海新名片贡献一份力量。

2021年8月

小读者们，本书最后的最后，我们还精心绘制了春、夏、秋、冬四个季节沪上白玉兰的填色画送给大家。

请大家根据阅读本书学到的知识，来为白玉兰上色吧~~